CH. FREMONT
25, rue du Simplon
PARIS (XVIIe)

ÉTUDES EXPÉRIMENTALES DE TECHNOLOGIE INDUSTRIELLE

48e

LE BALANCIER A VIS
POUR ESTAMPAGE

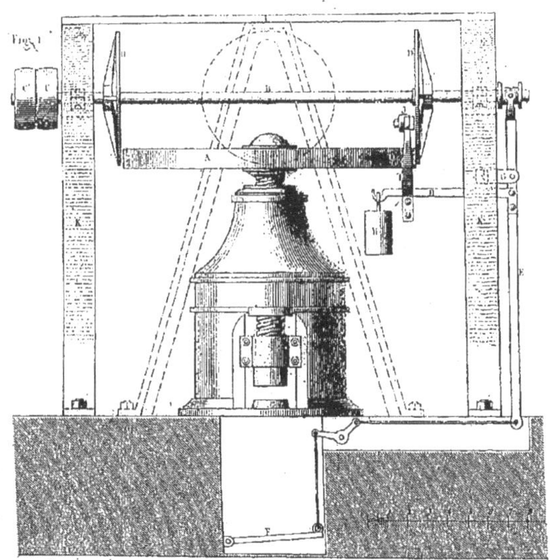

PARIS
1916

MÉMOIRES TECHNOLOGIQUES DU MÊME AUTEUR

Nos

1. **Epuration et stérilisation de l'eau.**
   Polytechnique médicale. Janvier 1895.

2. **Les mouvements de l'ouvrier dans le travail professionnel.**
   Le Monde Moderne. Février 1895.

3. **Mémoire sur le poinçonnage et le cisaillement des métaux.**
   Bulletin de la Société des Ingénieurs civils de France. Janvier 1896.

4. **Les lignes de Lüders.**
   Bulletin de la Société d'Encouragement pour l'Industrie nationale. Septembre 1896.

5. **Etude expérimentale du cisaillement et du poinçonnage des métaux.**
   Bulletin de la Société d'Encouragement pour l'Industrie nationale. Septembre 1897.

6. **Etudes de chaudronnerie.**
   Bulletin de la Société des Ingénieurs civils de France. Novembre 1897.

7. **Etude sur les avaries de certaines chaudières dans la région des rivures circulaires.**
   Bulletin de la Société d'Encouragement pour l'Industrie nationale. Mai 1898.

8. **Appareils nouveaux pour l'essai des métaux employés dans les travaux publics.**
   Bulletin de la Société des Ingénieurs civils de France. Décembre 1898.

9. **Etude sur la production des machines-outils façonnant les métaux.**
   (En collaboration avec M. Huillier).
   Bulletin de la Société d'Encouragement pour l'Industrie nationale. Avril 1899.

10. **Evolution des méthodes et des appareils employés pour l'essai des matériaux de construction.**
    Congrès international des méthodes d'essai des matériaux. Juillet 1900.

11. **Lignes superficielles apparaissant dans le sciage des métaux.**
    Bulletin de la Société d'Encouragement pour l'Industrie nationale. Novembre 1900.

12. **Etude expérimentale des causes de la fragilité de l'acier.**
    Bulletin de la Société d'Encouragement pour l'Industrie nationale. Février 1901.

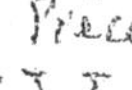

N°s

13. Etude expérimentale sur le pliage des barrettes entaillées.

(En collaboration avec M. Osmond.)
Bulletin de la Société d'Encouragement pour l'Industrie nationale. Avril 1901.

14. Essai des métaux par pliage de barrettes entaillées.

Bulletin de la Société d'Encouragement pour l'Industrie nationale. Septembre 1901.

14 *bis*. Essai des métaux par pliage de barrettes entaillées.

Congrès des méthodes d'essais des matériaux. Budapest, 1901.

15. Evolution de la fonderie de cuivre.

Décembre 1902.

15 *bis*. Nouvelle méthode d'essai des rails.

Communication à l'Académie des sciences. 5 janvier 1903.

16. Mesure de la limite élastique des métaux.

Bulletin de la Société d'Encouragement pour l'Industrie nationale. Septembre 1903.

17. Les modes de déformation et de rupture des fers et des aciers doux.

(En collaboration avec MM. F. Osmond et G. Cartaud.)
Revue de métallurgie. Janvier 1904.

18. Conclusions de la précédente note.

(En collaboration avec M. F. Osmond.)
Revue de métallurgie. Avril 1904.

19. Mesure de la pression maximum instantanée résultant d'un choc.

Revue de métallurgie. Juin 1904.

19 *bis*. Le poinçonnage envisagé comme méthode d'essai.

(En collaboration avec M. Baclé.)
Bulletin de la Société d'Encouragement pour l'Industrie nationale. Novembre 1904.

20. Explosion d'une chaudière de locomotive.

Bulletin de la Société d'Encouragement pour l'industrie nationale. Mars 1905.

21. Les sillons de corrosion dans les tôles de chaudières à vapeur.

(En collaboration avec M. Osmond.)
Revue de métallurgie. Octobre 1905.

22. Explosion d'une locomotive.

Le Génie civil. Novembre 1905.

23. Les propriétés mécaniques du fer en cristaux isolés.

(En collaboration avec M. Osmond.)
Revue de métallurgie. Novembre 1905.

24. Résistance au cisaillement des aciers de construction.

Revue de métallurgie. Mai 1906.

25. Etude expérimentale du rivetage.

Mémoire publié par la Société d'Encouragement pour l'Industrie nationale. 1906.

Nos

26. Les outils préhistoriques, leur évolution.
1907.

27. Origine du laminoir.
Revue de métallurgie. Août 1908.

28. Essai des fers et des aciers par corrosion.
Revue de métallurgie. Octobre 1908.

29. Recherches sur les causes de l'explosion d'une bouteille d'hydrogène comprimé.
(En collaboration avec M. J. Danlos.)
Le Génie civil. 10 avril 1909.

30. De la résistance des pièces rivées.
Bulletin de la Société d'Encouragement pour l'Industrie nationale. Avril 1909.

31. Essais mécaniques de la fonte.
Bulletin de la Société d'Encouragement pour l'Industrie nationale. Mai 1909.

32. Le coup de pointeau central.
(En collaboration avec M. F. de Villenoisy.)
Gazette numismatique française. Juin 1909.

33. Etude expérimentale de la résistance vive à la traction des attelages de wagons.
Bulletin de la Société d'Encouragement pour l'Industrie nationale. Novembre 1909.

34. Le carré creux des monnaies grecques.
(En collaboration avec M. F. de Villenoisy.)
Revue numismatique. Décembre 1909.

35. L'analyse des aciers à l'aide des étincelles.
(En collaboration avec M. Pourcel.)
Revue de métallurgie. Février 1910.

36. Etude expérimentale sur la résistance des soudures.
Le Génie civil. 26 février 1910.

37. Machine à mesurer le rendement des vis. Origines de la vis et des engrenages.
Revue de mécanique. Mai 1910.

38. La fatigue des métaux et les nouvelles méthodes d'essai.
Le Génie civil. 22-29 octobre et 19 et 26 novembre 1910.

39. Nouvelle méthode d'essai des rails.
Le Génie civil. 6-13-20 et 27 mai 1911.

40. Le clou.
Bulletin de la Société d'Encouragement pour l'Industrie nationale. Février à juin 1912.

41. La cause du naufrage du Titanic.
La Technique moderne. 1er juillet 1912.

Nos

42. Six notes relatives à des méthodes d'essai des métaux.

Congrès des méthodes d'essai des matériaux. New-York, 1912.

43. Distribution des déformations dans les métaux soumis à des efforts. Cas du plissement des tuyaux.

La Technique moderne. 1er juin 1913.

44. Origine et évolution des outils.

Mémoire publié par la Société d'Encouragement pour l'Industrie nationale. 1913.

45. Origine et évolution des outils préhistoriques.

1913.

46. A propos du système Taylor.

La Technique moderne. 1er novembre 1913.

47. Origine de l'horloge à poids.

Décembre 1915.

48. Le balancier à vis pour estampage.

Février 1916.

SOUS PRESSE

La lime.

L'origine et l'évolution de la soufflerie.

La forge maréchale.

Le marteau.

Le travail mécanique de l'homme.

L'outil tranchant.

La coupe des outils.

La scie.

CH. FREMONT
25, rue du Simplon
PARIS (XVIIe)

ÉTUDES EXPÉRIMENTALES DE TECHNOLOGIE INDUSTRIELLE

48e

LE BALANCIER A VIS
POUR ESTAMPAGE

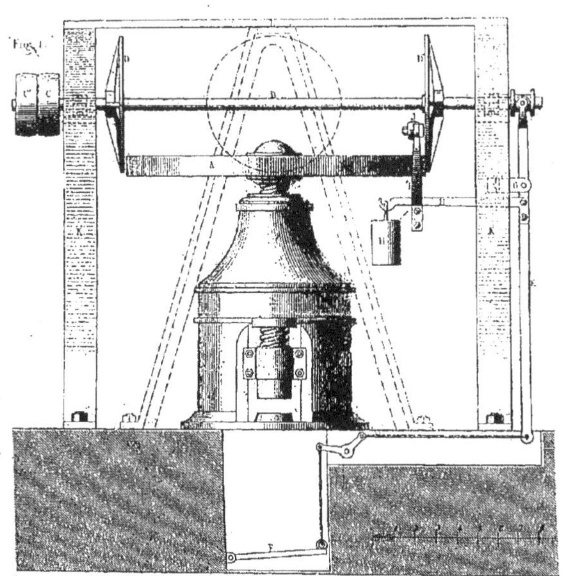

PARIS
1916

LE BALANCIER A VIS POUR ESTAMPAGE

Le balancier à vis est une *presse* dans laquelle un volant, accumulateur de travail, actionne une vis ; cette vis en avançant exerce une pression sur des outils divers, variables avec l'industrie qui les utilise.

Ces outils sont, par exemple :

des *coins* pour frapper les monnaies et les médailles,

des *emporte-pièces* pour découper des cuirs, des étoffes, du carton, des métaux, etc.

des *poinçons* pour percer des métaux,

des *étampes* pour emboutir, estamper des pièces d'orfèvrerie, de serrurerie, etc.

des *bouterolles* pour river,

des *matrices* pour gaufrer des papiers, des étoffes, mouler des savons, frapper des boulons, des rivets, des pièces de ferronnerie, etc., etc.

L'invention du balancier à vis fut longtemps attribuée à Nicolas Briot.

Ainsi le savant et érudit Poncelet dit [1] :

« En 1615, sous Louis XIII, Nicolas Briot, célèbre graveur et monnayeur de Paris, per-
« fectionna les procédés monétaires et ajouta le balancier à vis. »

Mais, depuis Poncelet, des documents officiels conservés aux Archives Nationales ont été publiés [2] et nous savons aujourd'hui que c'est en 1550, qu'Henri II acheta à un orfèvre d'Augsbourg, nommé Marx Schwab, les trois machines monétaires : le laminoir, le coupoir et le balancier.

Jusqu'au milieu du XVIe siècle les monnaies étaient frappées au marteau entre deux étampes appelées *coins*.

Sur un billot le coin inférieur : la *pile*, était fiché par son extrémité pointue, l'autre extrémité, la tête, portait la gravure du *revers* de la pièce à frapper.

1. Exposition de Londres, 1851. Travaux de la Commission Française, t. III, 1re partie, VIe Jury. Machines outils, p. 70 et 71.

2. La découverte à Augsbourg des instruments mécaniques du monnayage moderne et leur importation en France, en 1550, d'après les dépêches de Charles de Marillac, ambassadeur de France, par Pierre de Vaissière, archiviste-paléographe. Montpellier, 1892.

Le coin supérieur : le *trousseau*, portant la gravure de la *face* de la pièce, était tenu de la main gauche par l'ouvrier qui, de la droite, frappait avec le marteau.

La figure 1 est la photographie d'un moulage conservé au Musée de la Monnaie à Paris. C'est un chapiteau du XIe siècle sur lequel on voit, parmi des ornements fantastiques et

Fig. 1. — Chapiteau du XIe siècle, représentant un monnayeur au marteau.

bizarres, un ouvrier à barbe tressée s'apprêtant à frapper un flan au moyen des instruments dont il vient d'être question.

Ce chapiteau est celui d'une des colonnes qui se trouvent derrière l'abside principale d'une église romane construite à Saint-Georges-de-Bocherville, près de Rouen, de 1050 à 1066, par George de Tancarville, chambellan de Guillaume le Conquérant [1].

Un manuscrit du XVe siècle reproduit dans : « La vie de Maximilien par Burgmair », et imprimé à Vienne en 1775, nous donne la vue d'un atelier monétaire avec la fabrication au marteau (fig. 2).

1. E. Dumas. Notes sur l'émission en France des monnaies décimales de bronze, *Imprimerie Nationale*, Paris, 1868, p. 15.

Dans l'estampage monétaire le travail dynamique nécessaire, pour imprimer complètement les gravures de la face et du revers, est d'autant plus élevé que le métal du flan est plus dur et que les dimensions sont plus grandes.

Pour frapper les monnaies, il fallait généralement plusieurs coups de marteau successifs.

Fig. 2. — Un atelier monétaire d'après un manuscrit du xve siècle.

A chaque coup de marteau la déformation élastique des divers organes subissant le choc produisait, par réaction, une projection du flan et du trousseau, effet du contre-coup selon l'expression de nos ouvriers.

Le monnayeur devait alors, avant de frapper un nouveau coup, « *rengréner* », c'est-à-dire remettre le flan et les deux coins dans leur position respective primitive pour ne pas avoir des doublés ou « *tréflage* ».

Si la pièce n'exigeait qu'un travail modéré, le premier coup de marteau déterminait un relief suffisant pour que le rengrénage fût facile, mais il n'en était plus de même dans le cas où l'estampage exigeait une grande dépense de travail dynamique et alors le temps nécessaire pour donner les coups de marteau était relativement très faible par rapport à celui perdu dans les tâtonnements du rengrénage.

Aussi, pour réduire ces tâtonnements les ouvriers ont cherché divers procédés.

Un des plus anciens est « *le coup de pointeau central* », car on le trouve appliqué sur des monnaies des premiers Ptolémées (environ 4 siècles avant Jésus-Christ).

Fig. 3. — Pièce de monnaie des Ptolémées portant l'empreinte d'un coup de pointeau central. N° 249. Cabinet des médailles.

Ce procédé consistait à rapporter au milieu du coin du trousseau, un petit cône d'acier analogue à l'extrémité de nos pointeaux d'ajusteur.

Dès le premier coup de marteau du monnayeur, ce cône s'enfonçait dans le métal et permettait, au coup suivant, un centrage plus facile en réduisant les tâtonnements, car il suffisait de tourner le trousseau sur cet axe jusqu'au rengrénage complet [1].

La fig. 3 montre une pièce des Ptolémées ainsi pointée. Au Cabinet des Médailles on conserve un double coin romain du Bas Empire provenant de l'atelier d'Antioche.

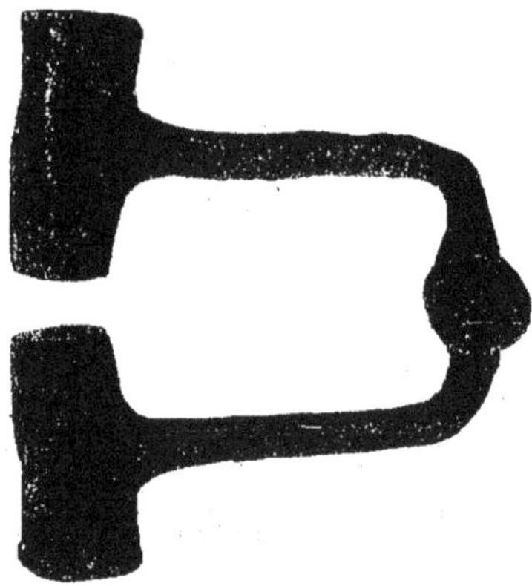

Fig. 4. — Double coin monétaire du Bas Empire Romain. — N° 2403. — Cabinets des médailles.

La fig. 4 montre ces coins réunis par deux branches coudées et articulées.

Avec cette disposition, les deux coins reprennent toujours leur même position relative,

1. F. de Villenoisy et Ch. Frémont. Le coup de pointeau central. *Gazette numismatique française*, 1909.

seul le flan est à rengréner et avec plus de facilité, puisque l'ouvrier est guidé à la fois par les deux coins.

Dans la même vitrine est exposé un « *Boullotirion Byzantin* », pince en fer destinée à imprimer les sceaux ou bulles de plomb byzantines (fig. 5).

FIG. 5. — Boullotirion trouvé à Brousse. — N 3591. — Cabinet des médailles.

Cet instrument, découvert récemment dans les fouilles de Brousse (Asie Mineure) par M. Grégoire Bay, notre consul en cette ville, fut présenté à l'Académie des Inscriptions et Belles-Lettres en juin 1911, par M. Gustave Schlumberger qui le date du XIIe siècle.

L'écrasement des deux têtes de cet outil indique un travail de fonctionnement par choc du marteau et laisse penser que l'écrasement des plombs était produit à froid.

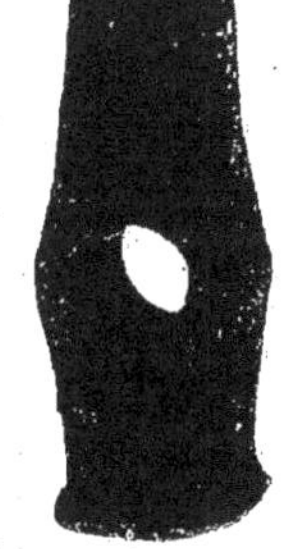

FIG. 6. — Marteau trouvé avec le boullotirion (fig. 5).

Pour me rendre compte du travail dépensé dans cet écrasement, j'ai comprimé sous une presse munie d'un appareil enregistreur un disque de plomb, du diamètre correspondant à celui du boullotirion : 25 millimètres et de 7 millimètres d'épaisseur.

La limite élastique a été atteinte, dans cet essai, sous un effort de pression de 1.300 kilogrammes et pour produire un affaissement de 2 mm. il a fallu atteindre 3 tonnes.

Le travail statique dépensé dans cette expérience est de 4,3 kgm. d'après la mesure du diagramme ainsi enregistré. Pour obtenir le même résultat par le choc il faudrait dépenser environ 6 kgm. [1] et en opérant avec le marteau (fig. 6), du poids de 0 kg. 668, trouvé à côté du boullotirion, il faudrait au moins 2 coups.

Quand, à la fin du XVe siècle, Bramante devint « frate del piombo »

1. CH. FRÉMONT. Mesure de la pression maximum instantanée résultant d'un choc. *Revue de métallurgie*, juin 1904.

il se servit d'une presse à vis pour comprimer les plombs des bulles de Jules II (1441-1513).

Or l'expérience précédente de la résistance à l'écrasement du plomb permet de se faire une idée de l'importance de cette presse à vis de Bramante, car les efforts à obtenir correspondent à peu près à ceux que produit un ouvrier agissant sur un de nos étaux d'ajusteur.

A la suite de plusieurs essais effectués sur des vis d'étaux, j'ai trouvé que le rendement variait de 0,20 à 0,25.

Dans un étau ordinaire et moyen, le rapport de l'espace parcouru par la main de l'ouvrier agissant à l'extrémité de la manivelle à l'espace correspondant à l'écartement des deux mors est de 200 à 1 ; le rendement de la vis étant de 0,20 à 0,25 l'effort de l'ouvrier sur cet étau produit donc une pression égale à environ 40 à 50 fois cet effort.

Si l'ouvrier donne au maximum un effort de 75 kg. la pression obtenue par le serrage des mors de l'étau sera de 3.000 kg. à 3.750 kilogrammes.

Quand la manivelle sera dans la position la plus avantageuse l'ouvrier pourra donner une secousse à la fin du serrage et obtenir un effort un peu plus élevé.

On voit donc qu'avec un étau, véritable presse à vis, on peut comprimer de 3 à 4 tonnes et par conséquent une presse à vis telle que celle dont se servit Bramante pour imprimer les plombs des bulles, était à peu près de la même puissance que les étaux moyens de nos ateliers.

Au XVIe siècle, quand apparut le premier balancier destiné à la fabrication de la monnaie, la vis était très employée comme organe cinématique de compression ; on l'utilisait depuis longtemps dans les pressoirs, les presses, etc...

J'ai rappelé, à propos de l'origine de la vis [1] que Vitruve, au siècle précédant l'ère chrétienne, indiquait les deux genres de pressoirs à arbre ou à vis (Livre VI, chapitre IX) et que Pline (23 à 79 de l'ère chrétienne) nous décrit les deux types de pressoirs utilisés à Rome.

Voici d'ailleurs ce que dit le naturaliste Pline (Livre XVIII, chap. XXXI) : « Les « Anciens serraient leurs pressoirs avec des cordes, des bandes de cuir et des leviers. « Mais on a inventé, il y a cent ans, les pressoirs à la grecque, c'est-à-dire dont l'arbre « est à vis ; auquel arbre est attaché un engin qui a la figure d'une étoile et qui soutient « de gros quartiers de pierres, que l'arbre élève en même temps qu'il se lève lui-même. « Les pressoirs ainsi construits sont les plus estimés. Toutefois, depuis vingt-deux ans, « on s'est avisé de faire de petits pressoirs qui ne tiennent pas beaucoup de place, et dont « l'arbre ou la vis est au milieu ».

Héron d'Alexandrie nous donne, dans ses manuscrits, tout un chapitre sur les presses et la vis, les fig. 7 et 8 reproduisent les croquis donnés par le traducteur de la version arabe, M. le baron Carra de Vaux [2].

1. *Revue de Mécanique*, Mai 1910, page 438.

2. Les mécaniques ou l'élévateur de Héron d'Alexandrie, publiées sur la version arabe et traduites en français par M. le baron Carra de Vaux. Paris, *Imprimerie Nationale*, 1894.

A la page 121 de cette traduction nous trouvons le procédé géométrique employé dans la pratique pour tracer les filets de la vis :

« Commençons d'abord par exposer la construction des tours de la vis. Lorsque nous « voulons tracer une vis, nous prenons un morceau de bois dur et fort, de telle longueur

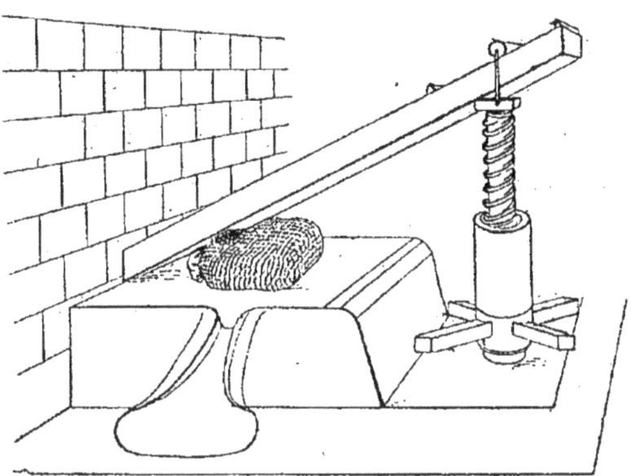

Fig. 7. — Pressoir à vis, d'après Héron d'Alexandrie.

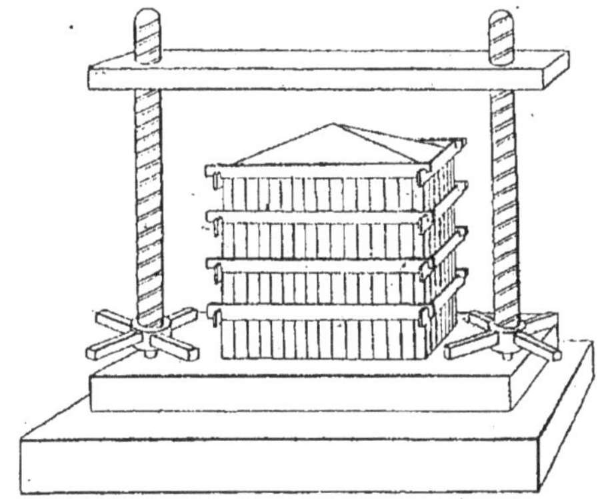

Fig. 8. — Pressoir à deux vis, d'après Héron d'Alexandrie.

« que nous voulons ; la partie dont nous nous proposons de former la vis doit être polie, « son épaisseur égale partout, et sa surface cylindrique. Nous partageons ce cylindre en « segments égaux, de la hauteur d'un tour de vis. Puis nous nous donnons sur un plan « deux lignes droites perpendiculaires entre elles, l'une égale à la circonférence du « cylindre, l'autre à la hauteur du tour de vis ; et nous joignons les deux extrémités de

« ces lignes par une droite soutendant l'angle droit. Nous faisons un triangle d'une feuille « de laiton, pareil à celui que nous venons de tracer et assez mince pour que nous puis- « sions le courber comme nous voulons. Cela fait, posons l'arête égale à la hauteur du « tour de vis sur le premier des segments égaux que nous avons délimités sur l'arête du « cylindre et enroulons le triangle de laiton mince sur la pièce de bois cylindrique. L'autre « angle aigu du triangle viendra rejoindre l'angle droit de la figure de laiton, puisque la « base du triangle est égale à la circonférence du cylindre. Nous collons alors les deux « angles, et nous traçons le tour de vis le long du côté qui soutend l'angle droit. Puis, « faisant glisser le triangle mince jusqu'au second segment, nous amenons son côté sur la « seconde division de l'arête, et nous répétons la première opération pour tracer le second « tour de vis qui doit continuer le premier. Nous faisons de même jusqu'à ce que nous « ayons tracé l'hélice sur tous les segments de la pièce de bois cylindrique. »

Dans les ruines d'Herculanum (an 79 de J.-C.) on a trouvé *la presse à foulon avec deux vis*, l'une ayant le pas à droite, l'autre le pas à gauche (fig. 9).

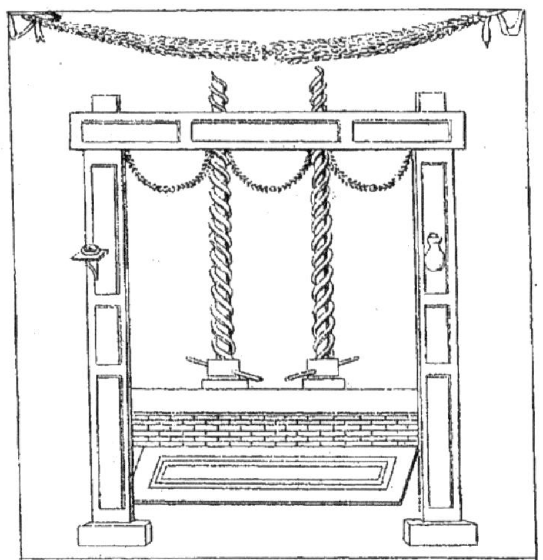

Fig. 9. — Presse à foulon trouvée dans les ruines de Pompéi.

Dès le début de l'imprimerie à la fin du xve siècle, les presses employées pour appuyer sur le papier les caractères typographiques, étaient actionnées par une grosse vis.

Des marques d'imprimeurs de la fin du xve siècle et du commencement du xvie (fig. 10) montrent le fonctionnement de la vis de compression de ces presses. Sur la presse de droite, on voit aussi deux autres vis butant la traverse supérieure de la presse contre le plafond, à l'aide de deux étançons de longueur variant ainsi suivant le besoin. Or ces deux vis sont, comme celles de la presse d'Herculanum, avec des pas de sens différents.

Marque de Josse Bade, imprimeur à Paris. (1498-1535).

Marque de Jean de Roigny, imprimeur à Paris (1529-1562).

Fig. 10. — Les premières presses à imprimer aux xve et xvie siècles

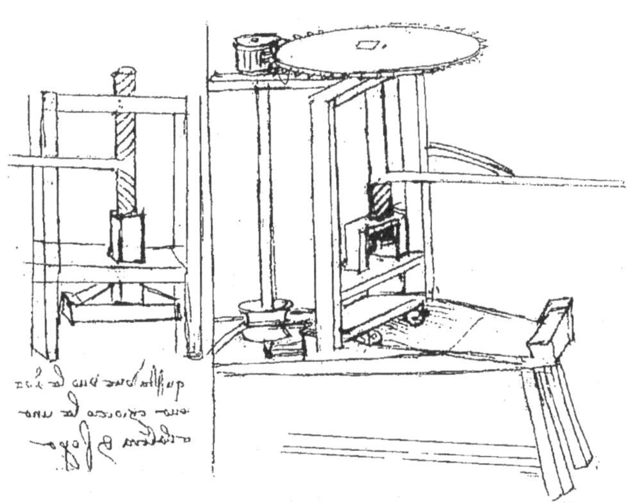

Fig. 11. — Croquis de presse dessinés par Léonard de Vinci. — Codice atlantico, f° 358, R b.

Léonard de Vinci nous a donné, dans ses manuscrits, le dessin de deux presses (fig. 11). Dans une de ces presses, la vis a le pas à droite, à une extrémité, et le pas à gauche à l'autre extrémité. Ce procédé, imaginé pour augmenter la course par révolution de la vis, est le précurseur du filetage à plusieurs filets parallèles.

Au commencement du XVIe siècle toutes les vis se faisaient à la main, les grosses comme

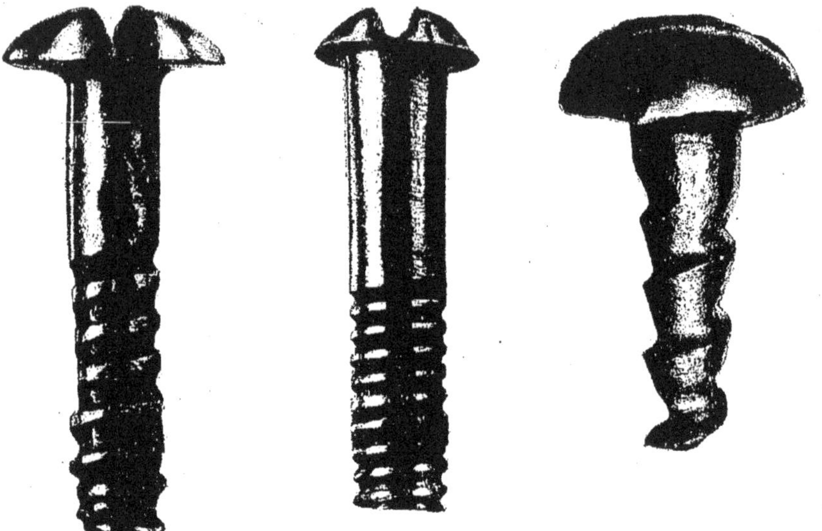

FIG. 12-13-14. — Vis faites à la main. — Commencement du XVIe siècle (Grossissement 4 diamètres).

les petites. Les figures 12, 13 et 14 sont les photographies (au grossissement de quatre diamètres) de petites vis à métaux et à bois, faites à la main.

Les deux premières servent à fixer le foncet d'une serrure de l'époque de François Ier exposée dans les galeries du Conservatoire des Arts et Métiers.

Dans toutes les machines : pressoirs à vin, à huile, etc., presses à foulons, presses à imprimer, presses à mouler (fig. 15), la vis a été choisie pour remplacer le levier des machines primitives, et pour produire directement une action graduée ; mais en pratique l'action était parfois brusque.

Ainsi, dans la presse à imprimer, la surface d'impression variant parfois dans de grandes limites, l'effort produit instinctivement par l'ouvrier n'était pas toujours proportionné à cette surface [1] ; quand il était insuffisant, l'ouvrier en était quitte pour donner un second

1. Origine et évolution des Outils. *Mémoire publié par la Société d'Encouragement*. Paris, 1913, p. 100.

coup plus fort, mais, quand il était trop grand, la masse en mouvement produisait un choc dont les inconvénients étaient d'émousser les caractères, de crever le papier et de fatiguer l'ouvrier ; aussi, comme l'indiquait Roubo dans son *Traité de menuiserie*, les presses à imprimer avaient-elles un montage élastique : « Les sommiers qui servaient « d'appui d'un côté à la vis et de l'autre à la composition des caractères d'imprimerie « étaient butés par des morceaux de feutre ou de carton pour amortir ce choc. »

Ainsi, en principe, la vis employée dans la presse à imprimer devait produire une pression graduée, ce que nous appelons une pression statique, mais en fait, dans la pratique, elle agissait par choc et les constructeurs avaient été obligés d'atténuer le choc en interposant des matières élastiques, même en quantité suffisante pour l'amortir.

A la même époque, c'est-à-dire au commencement du xvie siècle, Benvenuto Cellini a

Fig. 15. — Presse à mouler, xvie siècle
(Métallurgie de Lazare Erckern, Francfort 1598).

frappé des médailles en comprimant les coins à l'aide d'une grosse vis d'environ 60 millimètres de diamètre ; voici d'ailleurs la copie de la traduction du *Traité de l'orfèvrerie* de Benvenuto Cellini, de Léopold Leclanché. Paris, 1847, t. II, p. 316, chapitre x :

De la manière de frapper les médailles à vis.

Des écrous, des vis et des pas de vis.

« On fait un châssis en fer, semblable en épaisseur et en largeur à celui dont nous avons « parlé dans le chapitre précédent, mais d'une longueur suffisante pour recevoir, outre les « deux carrés de la médaille, l'écrou de bronze dans lequel entre la vis de fer qui doit être « épaisse de trois doigts. Il faut que le pas de vis soit carré ; parce qu'il a ainsi plus « de force que sous l'autre forme que l'on a coutume de lui donner. Il est à noter que la

« partie supérieure du châssis doit être percée d'un trou dans lequel se placent les carrés, « et entre ceux-ci le métal qu'on veut frapper.

« Il est nécessaire que l'écrou de bronze soit assez grand pour ne pas branler dans le « châssis, et comme les carrés sont un peu plus petits, on les cale avec des coins de fer « assez solidement pour qu'ils ne puissent bouger. On prend ensuite une poutre bien « rabotée, longue de deux brasses et même plus, que l'on enterre jusqu'à ce qu'il n'en « reste plus qu'une demi-brasse hors du sol. L'extrémité inférieure de cette poutre s'en- « castre dans une traverse vigoureuse, également longue de deux brasses. Puis, à l'extré- « mité supérieure de la même poutre, on pratique une entaille destinée à recevoir exacte- « ment le châssis de fer et à le fixer. Il est encore important de garnir d'ailerons en fer « l'endroit où la vis s'appuie sur la poutre, afin que celle-ci ne risque point de se fendre. « La tête de la vis doit être aplatie et munie d'un gros anneau de fer, à double queue per- « cée de trous dans lesquels puisse passer un levier long de six brasses au moins. Après « cela, en tenant droits les carrés et le métal que l'on veut frapper, quatre hommes suf- « fisent pour obtenir des pièces parfaites.

« A l'aide de ce procédé, j'ai exécuté pour le pape Clément VII plus de cent médailles, « toutes en bronze, sans avoir besoin de les fondre.

« ..... la vis fatigue moins les carrés, sans compter qu'elle donne des empreintes plus « belles. Quant aux médailles d'or et d'argent j'en ai frappé un nombre énorme, sans « jamais avoir été forcé d'en recuire une seule.

« En résumé *deux pressions* de vis suffiront toujours pour frapper une médaille, tan- « dis que cent coups de coin donneront à grand' peine le même résultat [1]. »

Cette presse à vis de Benvenuto Cellini est bien ce que nous appelons maintenant le *balancier*, car il est certain que, plus encore que la presse à imprimer, elle travaillait par *choc*, la vitesse du bras de levier de 4 mètres, poussé par des hommes en mouvement, donnait une accumulation de travail absorbé brusquement par l'estampage de la médaille avec un très faible enfoncement des coins ; ce choc explique en outre que « les empreintes étaient plus belles », car tous les spécialistes sont d'accord pour vanter les bons résultats que donne la vitesse d'impact dans la frappe des médailles et de la monnaie.

La remarque que *deux pressions de vis suffiront* implique le travail au choc, car si la pression de vis était statique, on la pourrait maintenir ou répéter autant de fois qu'on voudrait, sans changer le résultat.

En résumé, Benvenuto Cellini a employé, pour l'estampage, la presse à vis déjà très utilisée à cette époque, et a constaté, par l'usage, qu'en lançant le levier avec une certaine vitesse, il obtenait un meilleur résultat. Aussi, au lieu d'atténuer, d'amortir le choc, comme on avait été obligé de le faire pour les presses d'imprimerie, les praticiens qui ont

1. Clément VII a été pape de 1523 à 1534. C'est donc vers 1530 que B. Cellini a pu frapper les médailles en bronze au moyen de son instrument à vis. Peut-être a-t-il, antérieurement à cette date, frappé quelques médailles par ce procédé. La brasse italienne de cette époque avait une longueur d'environ 0 m. 60 ; le levier dont se servait Benvenuto Cellini, ayant 6 brasses au moins, était donc d'une longueur de 3 m. 60 à 4 mètres.

imité Benvenuto Cellini ont-ils eu soin d'augmenter la masse en mouvement en augmentant le poids des organes mobiles, surtout là où il y a le plus de vitesse. On peut donc

Fig. 16. — Benvenuto Cellini. — Orfèvre et sculpteur florentin né le 2 novembre 1500, mort le 15 février 1571 (Photographie d'une peinture sur bois du Musée de Cluny).

regarder ces expériences comme les premières de l'emploi de la vis par choc, c'est-à-dire du *balancier* [1].

Nous comprenons assez bien comment était construit le balancier de Benvenuto Cellini

1. L'Allemand Marx Schwab qui vendit en 1550 à Henri II le premier balancier monétaire employé en France, n'est donc pas l'inventeur du balancier puisque) dès 1530, Benvenuto Cellini frappait, avec cet instrument, des médailles à l'effigie de Clément VII.

Cet orfèvre d'Augsbourg n'est pas non plus l'inventeur des deux autres machines monétaires qu'il vendit à la France en 1550, le coupoir et le laminoir, puisqu'on trouve ces deux engins reproduits dans les manuscrits de Léonard de Vinci, ainsi que je l'ai indiqué dans un mémoire sur l'origine et l'évolution des outils.

Les premières machines monétaires ne sont donc pas d'invention allemande.

par la description qu'il en donne, mais nous sommes moins bien renseignés sur la disposition des organes de celui qui fut livré à Henri II, par l'orfèvre augsbourgeois.

Notre ambassadeur, Charles de Marillac, nous donne dans ses dépêches une brève description de l'objet des nouveaux appareils : « Par ce nouvel artifice, il n'est question « auculnement de fondre, ains seullement aplatir et subtiliser et aprez couper en rond et « marquer la matiëre destinée à la monnoye. »

Ce sont bien là les trois opérations du monnayage mécanique : aplatissement des lames de métal, non plus sur une enclume, mais au moyen du laminoir ; le découpage à l'emporte-pièce ; enfin la frappe au balancier.

La durée de la fabrication, à Augsbourg, de ces trois machines a été seulement de deux mois et demi environ, puisque la lettre du roi, remise au départ de l'ouvrier serrurier, l'habile mécanicien Aubin Olivier que le roi envoyait à Augsbourg, est datée du 31 août 1550 ; qu'il fallait douze journées pour faire le voyage de Paris à Augsbourg en passant par Strasbourg ; et que la fabrication ainsi commencée au plus tôt le 13 septembre 1550 était terminée le 27 novembre suivant.

Or les documents ne parlent que de deux ouvriers, de l'orfèvre et du serrurier Aubin Olivier.

L'achèvement du coupoir signalé, dans la correspondance, le 21 octobre 1550, ne permet pas de diviser le temps pour l'attribuer à la construction de chaque engin ; il est évident qu'on travaillait à tous en même temps.

La nécessité, dans l'intérêt de l'inventeur et de l'ambassadeur, de garder le secret de l'invention, implique la condition d'un travail discret ; il est donc probable que seuls les trois ouvriers ont travaillé à ces machines sans faire appel à une main-d'œuvre supplémentaire et sans faire construire des parties de machines par un autre fabricant d'Augsbourg. Cette dernière hypothèse paraît d'ailleurs confirmée par la mention « que les « machines auraient été terminées plus promptement si l'on avait eu des forges et autres « commodités comme à Paris ».

L'outillage industriel de cette époque était d'ailleurs très primitif, la machine-outil n'existait pas, tout devait être fait à la main ; le temps réduit employé à la fabrication de ces trois engins implique une grande simplicité d'organes.

Quant à la dépense et aux frais occasionnés par la fabrication : « les instruments de « la monnoye et modelles a cest effect environs troys cent escus » et à peu près autant pour les allées et venues, de Paris à Augsbourg, du Maitre de la Monnaie de Lyon, de Guillaume de Mérillac (le frère de l'Ambassadeur, chargé de la direction des travaux), d'Aubin Olivier et de l'ouvrier augsbourgeois, ainsi que pour le port des caisses des instruments « par charroi » jusqu'à Paris ; enfin cent écus pour le travail des deux ouvriers pendant trois mois.

L'écu d'or au soleil valant 11 fr. 35, c'est donc 8.000 francs environ que coûtèrent les trois machines, somme qui correspond à environ 24.000 francs de nos jours[1].

1. Le vicomte Georges d'Avenel, *Histoire économique de la propriété des salaires, des denrées et de tous les prix en général depuis l'an 1200 jusqu'à l'an 1800*. Paris, 1894, t. I.

L'atelier monétaire, pour la fabrication mécanique, fut installé par Aubin Olivier et un des deux ouvriers d'Augsbourg, Erric Ildegard, dans « le logis des Étuves », à l'extrémité occidentale de l'Ile du Palais à Paris. L'essai des trois engins fut effectué en présence

FIG. 17. —Aubin Olivier (1510-1581). — Célèbre mécanicien du XVIe siècle. — Portrait gravé en 1581 par Léonard Gaultier (Bibliothèque Nationale, Estampes).

d'Henri II. Les lettres patentes de l'installation sont du 27 mars 1551, et le procès-verbal des épreuves des engins mécaniques indique que celles-ci ont été faites du 13 avril au 2 mai 1551.

Il est probable que le balancier augsbourgeois, comme celui de Benvenuto Cellini, portait le coin supérieur directement fixé à l'extrémité de la vis, de sorte que, au contact du flanc et pendant l'écrasement, il tournait d'un certain angle.

Cette disposition primitive défectueuse, existait encore en Égypte, sur certains balanciers monétaires, lors de l'Expédition de l'armée française à la fin du xviiie siècle. J'ai cherché à constater sur d'anciennes pièces de monnaies des traces de torsion sur les deux faces des monnaies frappées au balancier, sans jamais en rencontrer ; je suppose que le jeu qui existait dans le montage du coin sous le nez du balancier était suffisant pour atténuer cette torsion.

Grâce à l'habileté d'Aubin Olivier, les résultats de la fabrication mécanique furent, dès le début, très supérieurs à ceux de la fabrication à la main.

Le 29 janvier 1552, Henri II rendit à Fontainebleau une ordonnance des plus importantes. S'étant fait présenter des pièces frappées à la Monnaie du Moulin et trouvant « la « figure et graveure d'icelles (monnaies) tant singulière, subtille et excellente que, sans « grande apparence de faulceté, il est impossible de la pouvoir contrefaire, rongner, ny « alterer », il voulut que désormais toutes les pièces faites et à faire en cette monnaie eussent le même cours que les autres monnaies fabriquées au marteau. Le Roi appréciait surtout dans les produits de ces nouveaux engins la « perfection de rotundité » des pièces [1].

Pour permettre au lecteur d'apprécier l'excellent résultat de la fabrication mécanique de la monnaie, j'ai choisi au Cabinet des Médailles des pièces d'or et d'argent fabriquées, à peu près à la même époque, les unes à la main, les autres à la machine.

Fig. 18-19-20. — Pièce d'argent faite à la main, en 1549.

La pièce d'or (fig. 31-32) frappée en 1555 porte sur la tranche des caractères en relief, ainsi qu'on le voit fig. 33 ; elle a donc été estampée dans une virole brisée ; — Non pas dans une virole brisée à fonctionnement automatique comme celle que nous employons actuellement et qui a été inventée en 1829, par Moreau, monnayeur de la Monnaie de Paris, par un perfectionnement a la virole brisée de Droz. Il est probable que la virole brisée, qui a servi en 1555, était une bague fendue, logée dans une cavité cylindrique de la virole ; après chaque coup de balancier, la bague était extraite avec la pièce de mon-

1. Mazerolle, Introduction, p. xxviii.

Fig. 21-22-23. — Pièce d'argent faite mécaniquement, en 1551.

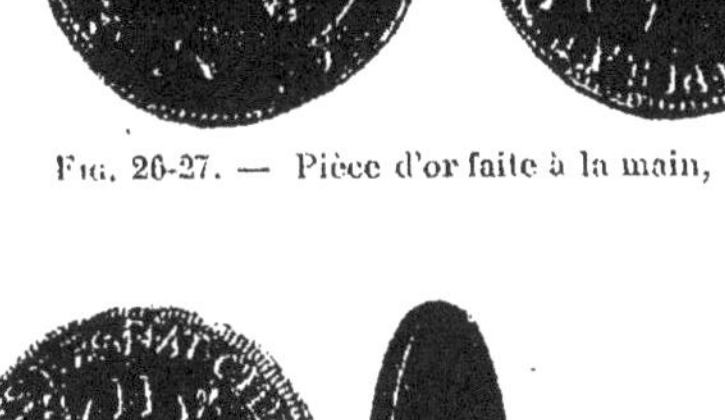

Fig. 24-25. — Pièce d'or faite à la main, en 1547.

Fig. 26-27. — Pièce d'or faite à la main, en 1552.

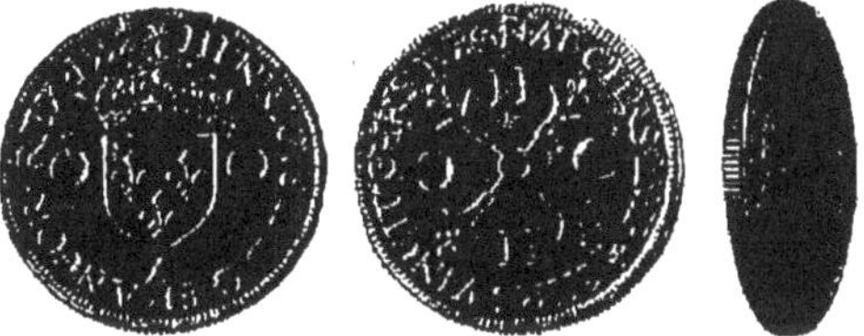

Fig. 28-29-30. — Pièce d'or faite mécaniquement, en 1552. — (Tranche cordonnée).

Fig. 31-32-33. — Pièce d'or faite mécaniquement, en 1555 (Virole brisée).

naie et l'ouvrier écartant les extrémités de la bague produisait une déformation élastique momentanée qui permettait à la pièce frappée de s'échapper.

Les ouvriers constatèrent de suite que dans le balancier à vis, le mouvement de rotation de la vis, et du coin qui lui était solidaire, imprimait, au moment de la frappe, un mouvement de torsion du flan.

Le coin, au lieu de rester fixé sur la vis, fut rendu indépendant et guidé dans son mouvement rectiligne par des glissières.

Fig. 34. — Outils monétaires au XVIIe siècle.
Félibien. — Des principes de l'architecture, etc. — Paris, 1676.

On voit cette modification au coupoir et au balancier, sur la fig. 34, donnant les outils monétaires, d'après le traité « les principes de l'architecture, etc., par Félibien, en 1676. — Mais il est probable que cette modification avait dû être apportée depuis longtemps.

Les fig. 35 et 36, extraites de l'*Encyclopédie*, montrent le balancier et le coupoir monétaires employés jusqu'en 1840.

Le fonctionnement du balancier à bras exige un grand nombre d'ouvriers, la main-d'œuvre en est coûteuse.

Ainsi Jars, lors de sa visite à la Monnaie de Cremnitz en 1758[1], note que, pour frapper les pièces de deux florins, le balancier exige l'effort de huit hommes, et comme il ne travaille qu'un quart d'heure de suite, il en faut seize pour qu'ils puissent se reprendre.

Ces seize ouvriers frappaient onze pièces à la minute. — Hachette, dans son *Traité élé-*

Fig. 35. — Balancier monétaire au XVIIIe siècle (Encyclopédie).

mentaire des machines (4e édition 1828, p. 335), dit que, pour le monnayage au balancier des pièces de cinq francs, quinze hommes, en faisant décrire au balancier un arc de 30 à 35 degrés, frappent soixante pièces à la minute.

Les industriels cherchèrent à diminuer le prix de revient de cette coûteuse main-d'œuvre.

Ils trouvèrent deux solutions :

1° L'emploi du mouton estampeur d'un rendement très supérieur à celui du balancier à vis.

2° L'application du moteur aux anciens balanciers.

1. *Voyages métallurgiques*, t. III, p. 248.

1re Solution : Frappe au mouton.

La frappe de la monnaie au mouton a été pratiquée en Angleterre, probablement parce que les ateliers de Birmingham qui fabriquaient des monnaies pour tous les pays du monde se servaient, pour ce monnayage, de leur outillage à estamper les boutons.

E. Dumas[1] dit que les ouvriers qui opéraient encore au mouton monétaire en 1868, avaient une telle habileté, qu'ils pouvaient, pour la rapidité du moins, rivaliser avec les

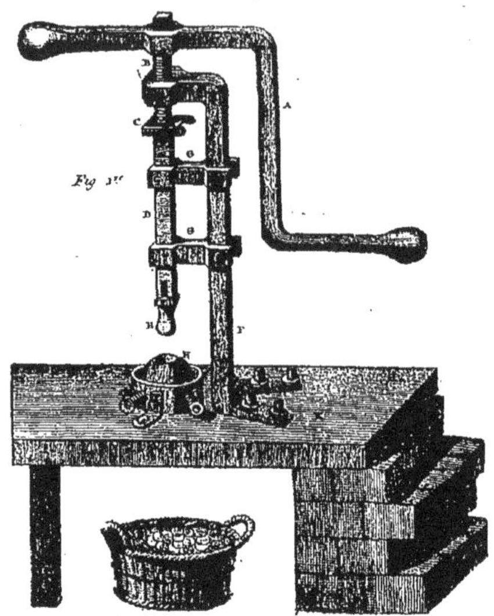

Fig. 36. — Coupoir à vis au XVIIIe siècle (Encyclopédie).

machines. Cet appareil, servi par un moutonnier attentif et un poseur intelligent, aidé d'un manœuvre quelconque, frappait par minute 40 ou 50 flans du diamètre de la pièce de 1 franc.

En France le balancier a remplacé le marteau à main presque directement et le mouton n'a été utilisé pour frapper la monnaie de cuivre de la République Française (tête de Liberté) que pendant peu de temps, en 1791.

La fig. 37 reproduit une aquarelle de Tiolier (Nicolas-Pierre), graveur de la monnaie de 1816 à 1843. — Aquarelle datée de 1833 et conservée au musée de la Monnaie de Paris.

La fig. 38 est la photographie de ce mouton monétaire exposé dans une salle du Musée de la Monnaie de Paris.

1. Notes sur l'émission en France de Monnaies décimales de bronze, Paris, Imprimerie Nationale, 1868, p. 17.

Pour frapper les pièces de 1 sol, un tireur à bras suffisait, mais pour les pièces de 2 sols on ajoutait un second tireur.

Cette frappe de la monnaie au choc du mouton, peu connue, est signalée par Coulomb[1] : ... « pendant plusieurs mois de suite, à la Monnaie de Paris, des hommes frappaient

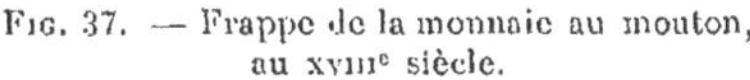
Fig. 37. — Frappe de la monnaie au mouton, au XVIIIe siècle.

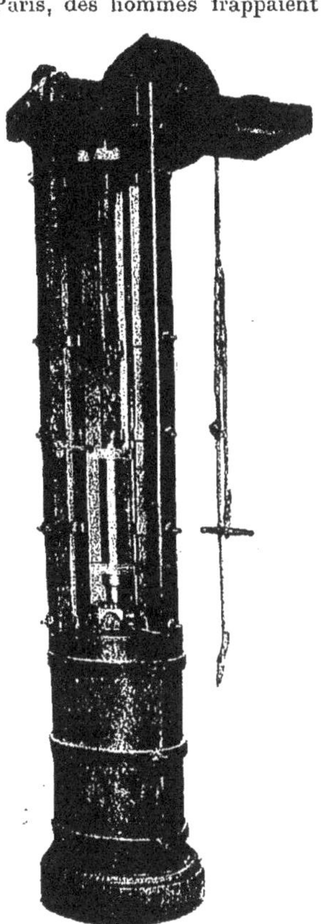
Fig. 38. — Mouton monétaire conservé au Musée monétaire de Paris.

« des pièces de monnaie avec un mouton. Voici en quoi consistait le travail de la journée.

« Le mouton pesait 38 kilogrammes ; il était manœuvré par deux hommes, qui faisaient « par conséquent chacun un effort de 19 kilogrammes. Le mouton était élevé, à chaque « coupe à 4 décimètres de hauteur ; l'on battait dans la journée 5.200 pièces, où, ce qui « revient au même, l'on élevait le mouton 5.200 fois.

1. Coulomb, *Expériences sur la force des hommes*, p. 283 (Mémoire lu à l'Académie le 24 février 1798).

« Si, pour avoir la quantité d'action, l'on prend le produit des trois nombres, 19 kilo-
« grammes, 4 décimètres et 5.200 coups, l'on trouvera que la quantité d'action journa-
« lière était représentée par un poids de 39, 5 kilogrammes élevés à un kilomètre ; quantité
« qui n'est guère que la moitié de 75, 2 kilogrammes, que nous avons trouvée pour la
« quantité d'action des hommes qui battent les pilots, et qui n'est guère que la cinquième
« partie de la quantité d'action journalière que fournit un homme lorsqu'il monte libre-
« ment un escalier.

« Mais il faut remarquer que les mêmes hommes ont travaillé à la Monnaie pendant
« quinze mois de suite ; au lieu qu'en battant des pilots, les hommes passent à un
« autre genre de travail lorsqu'ils sont fatigués, ce qui arrive bientôt. »

« Il me paraît cependant probable que des hommes vigoureux, employés à l'entreprise,
« auraient pu fournir, dans les travaux de la monnaie, une plus grande quantité d'action
« que celle qui résulte du calcul qui précède. La personne qui était chargée de la con-
« duite de cet atelier m'a dit qu'un homme extrêmement fort avait entrepris de mener
« lui seul un mouton, mais qu'il avait été obligé d'y renoncer au bout de quelques
« heures.

« Je crois que cet homme aurait pu travailler plusieurs jours de suite, si, au lieu d'éle-
« ver lui seul un poids de 38 kilogrammes à 4 décimètres, il n'eût fait un effort que de
« 19 kilogrammes ; que sa main eût parcouru 8 décimètres au lieu de 4, et que, par un
« moyen quelconque, le mouton eût simplement été élevé de 4 décimètres, comme il
« l'était par l'action des deux hommes ; ce qui produisait une chute qui, d'après l'expé-
« rience, suffisait pour l'empreinte des pièces. »

Coulomb, après sa remarque : que la quantité d'action journalière que fournit un homme lorsqu'il monte librement un escalier est cinq fois plus grande que celle que produisait chaque ouvrier actionnant le mouton monétaire, aurait pu préconiser l'action des jambes.

En effet, un ouvrier estampeur au mouton peut, en appuyant du pied, lever un poids de 60 kg., à une hauteur de chute de 34 cm., ce qui fait *20 kgm. par coup* et frapper 24 à 30 coups par minute, ce qui donne 8 kgm. à 10 kgm. par seconde.

Dans nos ateliers le travail moyen est d'environ 500 à 600 coups à l'heure, soit 2, 7 à 3, 33 kgm. seconde, pour un ouvrage continu. Un seul estampeur manœuvrant à l'aide du pied ce mouton monétaire, produirait un plus grand nombre de pièces que ne le faisaient les deux ouvriers dont parle Coulomb [1].

1. Le mouton monétaire a été manifestement inspiré de la sonnette et non du marteau à pédale de l'épinglier ; il devait donc, au moins au début, fonctionner à bras et si l'aquarelle de Tiolier (fig. 37) représente l'ouvrier le tirant par le pied, c'est, à mon avis, une erreur due à ce que l'artiste qui n'avait pas vu ce mouton en service, puisqu'il le dessinait 40 ans plus tard, a suivi l'indication donnée par la corde du mouton remisé dans le Musée. Cette corde est double à l'extrémité tirée, un brin est terminé par une poignée pour la traction manuelle et l'autre brin est terminé par un étrier pour recevoir le pied. Cette corde est neuve et par conséquent ce n'est pas elle qui a servi en 1791.

Mais Coulomb qui vivait à l'époque de cette frappe au mouton et qui, lui, *a causé* avec la personne qui dirigeait ce travail à la Monnaie, indique bien que le mouton était tiré par la main puisqu'il dit que le résultat eût été plus favorable, si *sa main eût parcouru 8 décimètres au lieu de 4* (p. 284). Coulomb n'aurait pas proposé de lever le pied à 80 centimètres pour un travail continu.

2e Solution : Balancier au moteur.

La figure 39, reproduction d'une gravure du Bulletin d'avril 1870 de la Société d'encouragement pour l'industrie nationale, représente le balancier monétaire imaginé par

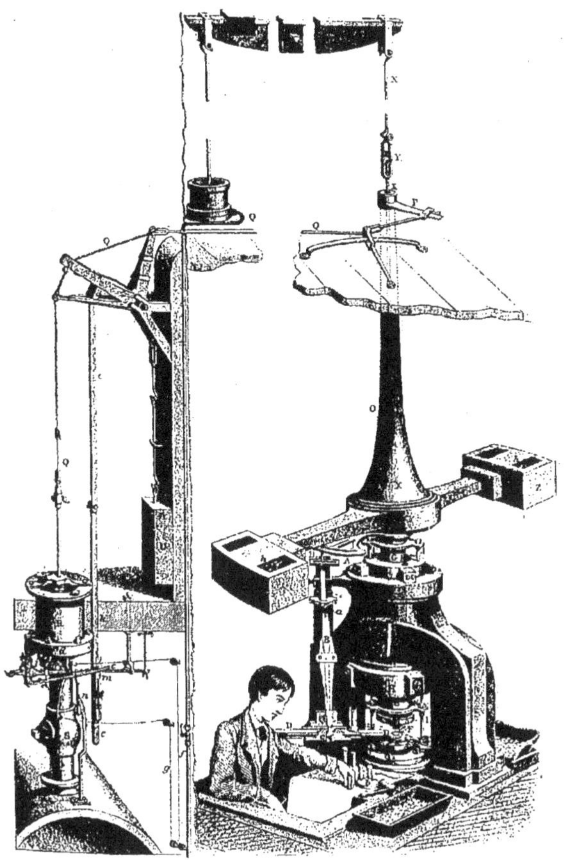

Fig. 39. — Balancier au moteur de la Monnaie de Londres.
Bulletin de la Société d'encouragement pour l'industrie nationale. — Avril 1870.

Boulton pour la Monnaie de Londres. Ce mécanisme de commande des balanciers, très compliqué, ne donna pas la solution pratique du problème, et dans tous les ateliers monétaires la presse vint remplacer le balancier qui ne fut conservé que pour la fabrication des médailles.

En 1861, Chéret, mécanicien à Paris, construisit pour les balanciers des médailles de la Monnaie de Paris, un mécanisme de commande très simple et très pratique, consistant en deux plateaux verticaux calés sur le même arbre moteur et entraînant la vis du balancier soit dans un sens soit dans l'autre, par friction d'un volant circulaire dont la couronne, à section rectangulaire, est garnie d'un cuir. La figure 40 montre ce mécanisme.

Le problème de mise en mouvement du balancier est le même que celui de la mise en mouvement des essoreuses centrifuges : il faut communiquer à la machine-outil une vitesse *graduellement* croissante.

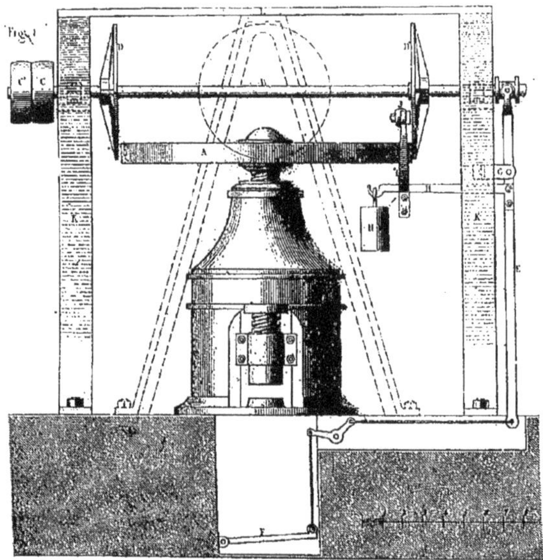

Fig. 40 — Mécanisme propre à mouvoir les balanciers. — Système Chéret. Bulletin de la Société d'encouragement pour l'industrie nationale. — Mai 1861.

Penzoldt, facteur de pianos à Paris, avait eu, en 1836, l'idée de sécher les étoffes par la force centrifuge. Dans ses essais il fut conduit à remplacer les commandes rigides, comme les engrenages qui se brisaient, par des organes à friction graduée qui permettent comme nos courroies de transmission un glissement relatif du cuir sur la poulie. La figure 41 montre, d'après Armengaud, le dispositif que Penzoldt fit breveter le 27 septembre 1841.

C'est de cette invention que plusieurs constructeurs se sont inspirés pour créer le mécanisme de commande du balancier à vis.

Ainsi la figure 42 extraite d'une revue technique : *Le Génie Industriel*, t. XX (1860) montre un mécanisme de transmission de mouvement à un balancier, breveté par Mme veuve Delachaussée, le 30 décembre 1858, et basé sur l'emploi de poulies à coin ou à friction.

RENDEMENT DU BALANCIER.

Poncelet est le premier savant ayant donné la théorie et l'évaluation des pertes de travail du balancier à vis, dans son *Cours de mécanique* appliquée aux machines, professé à

Metz en 1828. Mais il ne nous a pas renseigné sur le rendement pratique de cette machine.

Dans l'estimation du travail nécessaire au fonctionnement des machines, les anciens auteurs s'inquiétaient généralement peu du rendement. Ainsi, à propos de la presse à vis, origine du balancier, voici ce que nous dit Salomon de Caus, dans son livre *Les raisons des forces mouvantes*, imprimé en 1615 :

Un homme faisant tourner la vis d'une presse en agissant à l'extrémité d'un levier (fig. 43) « le « point d'appui de l'effort de « l'homme est à 7 pieds du centre « de la vis, ce qui, d'après la pra- « tique d'Archimède, fera 22 pieds « ou 264 pouces en circonférence « pendant que la vis s'abaisse d'un « pouce de sorte que la force de « l'homme étant de 50 livres envi- « ron, produira une pression de « 13.200 livres. »

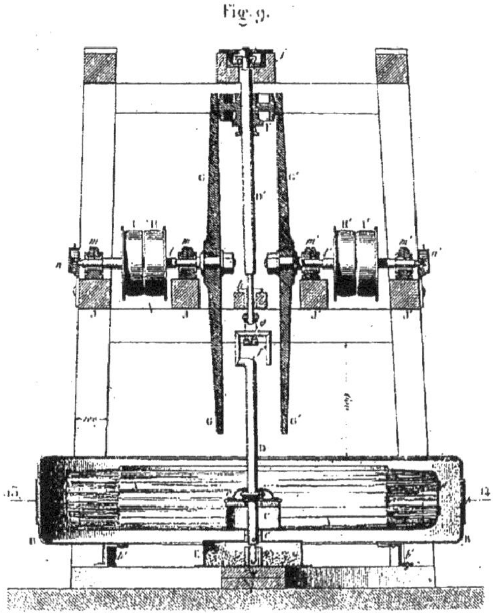

Salomon de Caus, dans son calcul, ne tient pas compte des pertes occasionnées par les frottements de la vis dans son écrou et sur sa crapaudine, des glissières, etc.

Fig. 41. — Mécanisme à friction de Penzoldt pour entraîner graduellement les essoreuses centrifuges.

Or, tous les praticiens savent que ces pertes sont importantes et que le balancier à vis exige, toutes choses égales, une plus grande dépense de puissance motrice que les autres machines à estamper.

J'ai pu effectuer des expériences sur deux forts balanciers à vis et je pense qu'il peut être utile d'en faire connaître les résultats.

Ces deux balanciers sortent des ateliers de deux de nos meilleurs constructeurs, et, de fait, leur usage prolongé a permis d'en constater la bonne qualité.

J'appellerai A le plus fort de ces deux balanciers, dont la vis a un diamètre de 300 millimètres et est à trois filets au pas de 100 millimètres, ce qui donne une course de 300 millimètres par tour de vis.

Le second balancier B, a une vis de 220 millimètres de diamètre et à 4 filets au pas de 55 millimètres, ce qui donne une course de 220 millimètres par tour de vis.

Pour évaluer le *travail utile* produit par le balancier expérimenté j'ai écrasé des crushers sous la plus grande pression possible.

Ces crushers en cuivre, de forme cylindrique, avaient 100 millimètres de diamètre et 30 millimètres d'épaisseur.

Préalablement un de ces crushers avait été taré sous une presse munie d'un appareil enregistreur pour permettre de connaître *la pression maximum* et *la quantité de travail*

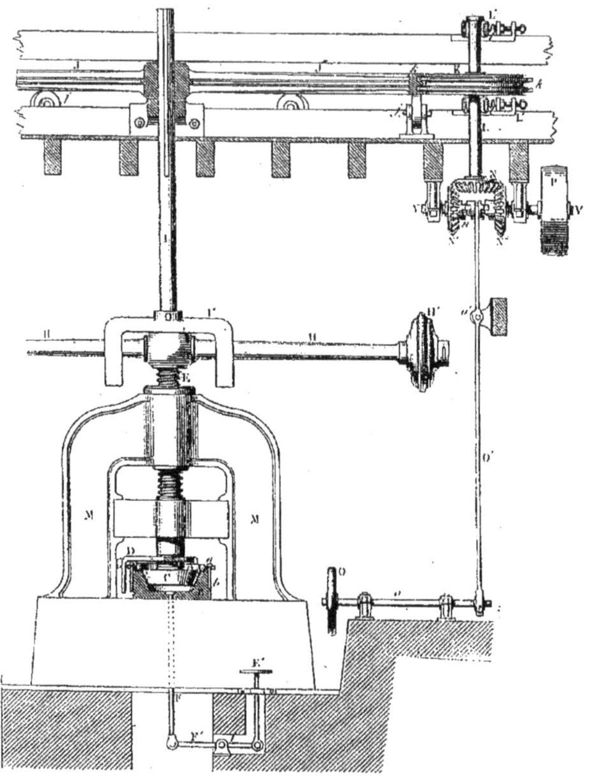

Fig. 42. — Mécanisme propre à mouvoir les balanciers.
Système de Mme Veuve Delachaussée. Brevet du 30 décembre 1858.

nécessaires pour produire un écrasement déterminé de ce crusher. J'ai admis que le phénomène d'écrasement de ce crusher était le même, que la pression soit lente ou brusque, parce que la vitesse d'impact du balancier est peu élevée ; comme nous le verrons plus loin, elle n'est que d'environ 0 m. 20 à la seconde ; conséquemment, j'ai admis, pour la mesure du travail dynamique produit sur le crusher, par un choc, sous cette faible vitesse, que la pression maximum produite et le travail utile dépensé étaient les mêmes que si le même écrasement était effectué statiquement.

Sur chaque crusher essayé, j'ai donné 10 coups de balancier, en recommandant à l'opérateur de s'efforcer à donner les coups aussi semblables que possible et le plus fort possible. On sait que tous les coups ainsi donnés n'ont pas exactement la même intensité.

Après chaque coup de balancier les dimensions du crusher étaient mesurées avec précision pour déterminer, à l'aide du diagramme de l'écrasement statique, la pression maximum et la quantité de travail utile correspondantes. Ainsi, après le premier coup de balancier, l'épaisseur primitive du crusher de 31 millimètres, s'est trouvée réduite à 21 mm. 5 subissant ainsi un écrasement de 9 mm. 5, et naturellement le crusher s'est épanoui, puis renflé au milieu de son épaisseur et prenant la forme de tonneau, d'une section moyenne de 119 millimètres. La section primitive de 7.854 ^{mm2} est ainsi devenue de 11.122 ^{mm2}.

La comparaison de cet écrasement avec un écrasement statique équivalent donné par le diagramme préalablement enregistré, a permis d'évaluer la pression maximum produite à 368.500 kg. et le travail utile nécessaire pour obtenir cet écrasement à 2.100 kgm.

J'ai fait donner un second coup de balancier sur le crusher déjà écrasé et j'ai obtenu un écrasement de 3,85 millimètres, beaucoup plus faible que le précédent, parce que le métal écroui fortement par le premier écrasement est d'une résistance plus élevée et que la section du crusher est plus grande.

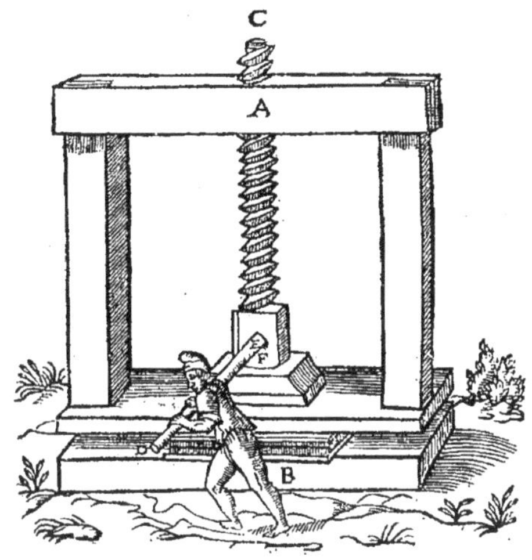

Fig. 43. — Presse à vis (Salomon de Caus). — Le raisons des forces mouvantes (1615).

La comparaison de cet écrasement dynamique à l'écrasement statique montre que la pression maximum atteinte a été de 504.000 kg. et le travail utile a été de 1.680 kgm. L'augmentation de pression est la conséquence de l'augmentation de dureté du métal et de section du crusher. La diminution du travail utile, quoique le travail dépensé à chaque coup soit relativement peu différent, tient à ce que la pression maximum étant plus grande, 1° les déformations élastiques des divers organes de la machine (bâti, vis, volant, etc.), augmentent proportionnellement à cet effort; 2° les pertes de travail par frottement (vis du balancier dans son écrou et sur sa crapaudine, glissières, etc.), augmentent aussi proportionnellement à la pression produite.

Les résultats analogues des 10 coups successifs sur le même crusher sont donnés au tableau ci-joint.

BALANCIER A

RÉSULTATS DES ESSAIS DE CHOC SUR UN CRUSHER EN CUIVRE

Nombre de coups.	Écrasement du crusher.	Pression maximum.	Travail utile produit.	Rendement.
1er coup.	9.50 mm.	368.500 kg.	2.100 kgm.	0.600
2e —	3.85	504.000	1.680	0.480
3e —	1.65	585.000	900	0.257
4e —	1.10	649.000	678	0.190
5e —	0.45	674.000	300	0.085
6e —	0.33	694.600	228	0.065
7e —	0.22	711.400	155	0.044
8e —	0.15	733.400	108	0.031
9e —	0.14	746.600	103	0.029
10e —	0.14	754.700	100	0.028
32e —	0.04	842.500	34	0.0096

J'ai dit que malgré les soins de l'ouvrier qui manœuvrait le balancier, les coups n'avaient pas exactement la même intensité. Pour permettre de juger de l'importance des écarts, j'ai tracé le graphique des pressions maximum et du travail utile correspondant pour ces 10 coups successifs (fig. 44), les courbes d'interpolation graphique tracées s'écartent fort peu des points donnés par les chiffres trouvés et portés au tableau.

On peut donc admettre que les résultats obtenus sont exacts avec une précision suffisante.

Les courbes continues ainsi tracées permettent d'interpoler pour les efforts maximum compris entre ceux qui ont été donnés par les 10 coups de balancier.

En extrapolant la courbe du travail utile jusqu'à l'origine, on trouve que le travail utile correspondant à un effort maximum nul est de 3.500 kgm. [1], c'est-à-dire que la quantité de travail disponible, emmagasinée dans le volant du balancier lancé au maximum de sa vitesse, est de 3.500 kgm. et, en comparant le travail utile au travail disponible, on a le rendement pour une pression maximum déterminée. A l'inspection du tableau ou du graphique, on voit que le rendement a été de 0,60 au premier coup pour une pression de 368.500 kg. et qu'il est descendu à 0,028 pour une pression de 754.700 kg

1. Le calcul permet de vérifier le degré d'exactitude de cette quantité de puissance disponible.

La couronne du volant pèse environ 1.600 kg.; un tour de ce volant fait parcourir à la vis une course de 30 centimètres, et comme la longueur de la circonférence passant par le centre de gravité de la couronne est de 7 m. 917, on a ainsi pour le volant une vitesse de $\frac{7.917}{0,30} = 26,4$ fois la vitesse de la vis.

La vitesse maximum de cette vis, donnée plus loin par l'enregistrement de la course, est de 0 m. 25 par seconde; la vitesse maximum du volant, au moment du choc, est donc de $26,4 \times 0,25 = 6$ m. 60 à la seconde.

La formule classique $v = \sqrt{2gh}$ permet de déduire la quantité de force vive disponible.

La vitesse d'impact étant de 6 m. 60, elle correspond à une hauteur de chute de 2 m. 22, pour un poids de 1.600 kg. = 3.552 kgm.

J'ai repris le crusher ayant reçu 10 coups de balancier et j'ai continué l'écrasement jusqu'au 32e coup, pour me permettre d'évaluer la pression maximum possible sous ce balancier et j'ai trouvé qu'aux derniers coups l'écrasement était d'environ 0mm 04, la pression maximum 842.500 kg. le travail utile produit 34 kgm. ce qui implique un rendement de 0,0096 sous cette pression maximum.

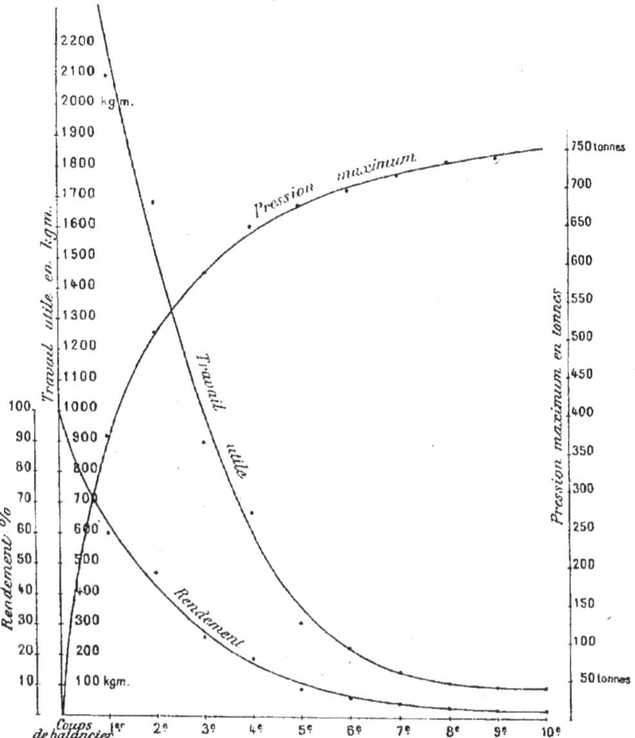

Fig. 44. — Graphiques des résultats des essais sur le balancier A donnant :

1° La pression maximum d'écrasement à raison de 8.000 kg. pour 1 mm. d'ordonnée.
2° Le travail utile correspondant à raison de 20 kgm. pour 1 mm. d'ordonnée.
3° Le rendement correspondant à raison de 2 °/₀ pour 1 mm. d'ordonnée.

Ce fort balancier peut donc produire un effort maximum de 842 à *845000 kg. environ avec un rendement moindre de 1 °/₀.*

Il est bien entendu que ce rendement de 1 °/₀ est obtenu en comparant le travail utile au travail emmagasiné dans le volant. Mais il ne faudrait pas conclure que l'énergie nécessaire au fonctionnement de ce balancier est égale à 3500 kgm. multiplié par le nombre de coups (ramené à la seconde, par exemple dans le calcul), parce qu'il y a un fort déchet par suite des glissements de la couronne du volant entraînée par le frottement des deux plateaux verticaux.

J'ai profité de la commande électrique de ce balancier A, pour évaluer au moins approximativement la puissance nécessaire au fonctionnement ; j'ai constaté que pour *maintenir* en haut de course le volant, le moteur développe 22 chevaux.

Pour faire relever le volant quand il n'est pas lancé par la force élastique des divers organes, bâti, vis, volant, etc., il faut plus du double de puissance, puisque, à ce moment, le volant est en contact avec la périphérie du plateau circulaire entraîneur.

Les mêmes essais de choc sur crusher ont été effectués avec le balancier B ; les résultats de ces essais sont donnés dans le tableau ci-joint.

BALANCIER B

RÉSULTATS DES ESSAIS DE CHOC SUR UN CRUSHER EN CUIVRE

Nombre de coups	Écrasement du crusher.	Pression maximum	Travail utile.	Rendement.
1er coup.	6.00 mm.	258.000 kg.	1.038 kgm.	0.546
2e —	2.67	353.000	815	0.430
3e —	1.65	409.000	628	0.330
4e —	0.85	446.400	363	0.190
5e —	0.60	469.100	275	0.150
6e —	0.30	480.300	142	0.075
7e —	0.20	489.600	97	0.051
8e —	0.17	494.500	80	0.042
9e —	0.14	499.300	70	0.036
10e —	0.12	504.000	60	0.031
20e —	0.05	533.000	27	0.014

La figure 45 donne le graphique des résultats indiqués dans ce tableau.

J'ai continué les essais de choc jusqu'au 20e coup pour estimer l'effort maximum possible avec ce balancier et à la vitesse habituelle, j'ai trouvé une pression maxima de 533.000 kg. — On peut donc admettre qu'il ne faut pas espérer dépasser une pression maxima d'environ 535 tonnes. En augmentant la vitesse de la transmission, on pourrait obtenir un effort un peu plus élevé, mais ce serait aux dépens de la sécurité.

Pour le mécanicien, il se pose, à propos du balancier à vis, une autre question, c'est celle de la vitesse d'impact.

On sait que pour estamper certaines pièces, médailles, pièces d'orfèvrerie, etc., il ne suffit pas de produire une pression statique, il faut agir par choc, afin de profiter de la propriété de l'inertie de la matière, et d'obtenir des détails dans le modelé de la gravure à produire. C'est pour cette même raison que le mouton à estamper est souvent préféré à la presse.

Pour me renseigner sur la vitesse d'impact du balancier à vis, j'ai enregistré la course du piston du balancier A en fonction du temps.

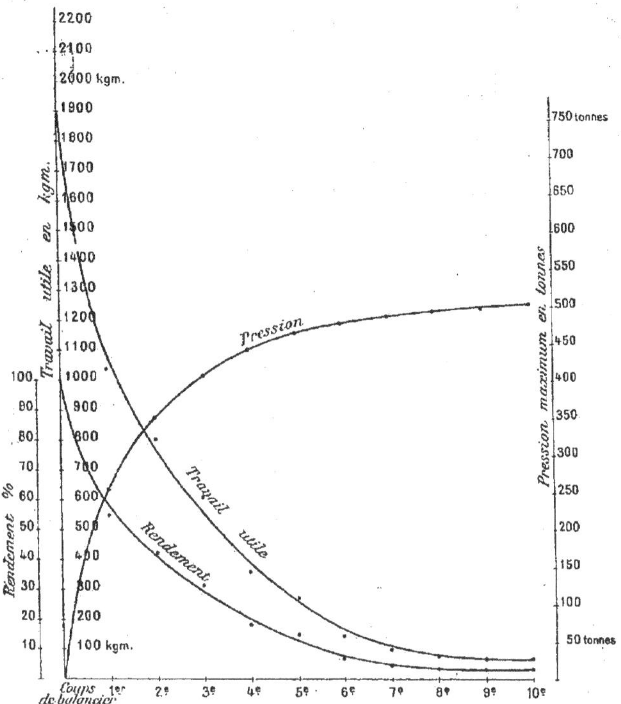

FIG. 45. — Graphiques des résultats des essais sur le balancier B donnant :

1° La pression maximum d'écrasement à raison de 8000 kg. pour 1 mm. d'ordonnée.
2° Le travail utile correspondant à raison de 20 kgm. pour 1 mm. d'ordonnée.
3° Le rendement correspondant à raison de 0,02 pour 1 mm. d'ordonnée.

Un style élastique, fixé solidement par une de ses extrémités sur le porte-outil du balancier, trace par son autre extrémité la course de l'outil, sur un cylindre enfumé tournant régulièrement à une vitesse connue.

La vitesse de l'enregistreur est de 290 millimètres par seconde.

Quand le balancier ne fonctionne pas, le style trace une ligne horizontale, la ligne des abcisses.

Quand le balancier fonctionne, le style trace une ligne plus ou moins inclinée sur l'horizontale ; la tangente en un point de cette ligne permet de mesurer la vitesse correspondant à ce point du diagramme, en tenant compte que l'ordonnée verticale donne la course en grandeur et l'abcisse le temps, à raison de 290 ^{mm} par seconde.

J'ai réuni une série importante de ces diagrammes, mais il me suffit d'en donner deux à titre de spécimens : l'un concernant un choc sur un corps dur, alors qu'il n'est produit qu'une très faible déformation élastique et l'autre concernant un choc sur un corps plus mou, subissant une déformation permanente très sensible.

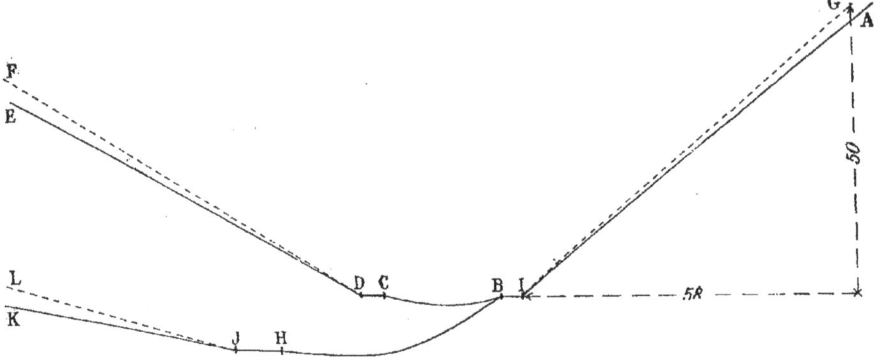

Fig. 46. — Diagrammes donnant la vitesse d'impact d'un balancier :
1° Dans le choc d'un corps dur.
2° Dans le choc d'un corps mou.

L'ordonnée est la course du balancier en grandeur.
L'abscisse mesure le temps à raison de 290 mm. par seconde.

Dans ces deux essais le volant a été monté en haut de sa course et lancé pour accumuler le maximum d'énergie.

Sur la figure 46, j'ai reproduit la portion intéressante de ces deux diagrammes, commençant l'enregistrement en A lorsque le piston a déjà parcouru une grande partie de sa course descendante et qu'il se trouve à 50 millimètres de distance de l'impact I, c'est-à-dire du point de la course de l'outil où celui-ci rencontre la surface du crusher à écraser.

Quand l'outil, porté par la vis du balancier et guidé par les glissières, arrive au contact du crusher, au point I, l'écrasement ne se produit pas immédiatement, parce qu'il y a un *temps perdu*, par le fait des jeux : 1° entre la vis et son écrou, 2° entre le carré porte-outil et l'extrémité de la vis.

La pression de la vis sur le crusher ne commence qu'au point B du diagramme ; de I à B, la pression résulte uniquement du poids du carré porte-outil sur le crusher.

De B à C est la partie du diagramme correspondant au travail de compression du crusher, la hauteur en ordonnée est très faible, parce que dans ce choc sur crusher très résistant, il n'y a guère eu qu'une déformation élastique.

La compression terminée, la vis remonte, mais le carré porte-outil ne remonte pas en même temps, par le fait du temps perdu expliqué plus haut ; de C à D le crusher ne supporte donc, comme pression, que le poids du carré porte-outil.

De D en E — et au delà — la course ascendante se continue soit par l'énergie emmagasinée par déformation élastique du bâti, de la vis et surtout du volant, soit par celle du moteur, si l'action des déformations élastiques est insuffisante pour faire remonter la vis en haut de course.

Le second diagramme relatif au choc sur un corps mou à déformation permanente très sensible est celui du premier coup de balancier A sur le crusher de cuivre qui a produit un écrasement de 9^{mm} 5 (tableau du balancier A).

J'ai superposé ce second diagramme au premier, de façon que les parties AI se correspondent.

De I à B le temps perdu reste le même puisque les jeux et la vitesse d'impact sont les mêmes ; mais de B à H, le diagramme est une courbe qui correspond à l'écrasement du crusher, l'ordonnée de 9^{mm} 5 mesure cet écrasement.

La quantité d'énergie disponible — quantité que nous avons évaluée à 3500 kgm. — a produit cette fois une déformation permanente importante, l'effort maximum a été beaucoup plus faible que dans le coup précédent, les déformations élastiques des organes du balancier ont été de ce fait moins importantes, et l'énergie résiduelle a été sensiblement moindre que dans le coup précédent ; aussi l'énergie du rebondissement, produisant la remontée de la vis, a été moindre, et le rebondissement s'est effectué avec une vitesse moindre. Le parcours correspondant aux jeux H J a été plus long à franchir et la courbe J K est beaucoup plus inclinée sur la ligne des abcisses.

Nous pouvons chiffrer exactement les vitesses à chacun de ces points de la course du porte-outil, puisque nous savons que 290^{mm} d'abcisses sont parcourus en une seconde.

La tangente IG indique que, au moment de l'impact, la vitesse de l'outil était de $\frac{58}{290} = \frac{1}{5}$ de seconde pour parcourir une course de 50 millimètres.

La vitesse d'impact était donc de 25 centimètres à la seconde.

D'autres diagrammes m'ont indiqué une vitesse de 223 mm. à la seconde, ce qui confirme ce que j'ai dit plus haut, que malgré le soin de l'ouvrier, la vitesse donnée à l'outil variait d'un coup à l'autre.

Le temps perdu B I $= \frac{1}{72,5}$ de seconde, ce qui donne une course de 3^{mm} 4 pour les jeux.

La durée du choc B C $= \frac{20}{290} = \frac{1}{14,5}$ de seconde.

La tangente D F donne la vitesse de remontée de la vis du balancier, soit 0^{m} 161 par seconde, aussitôt après la fin du choc ; cette vitesse va naturellement en décroissant.

Dans l'autre choc sur corps mou, la vitesse d'impact reste la même : 25 centimètres par seconde.

La durée du choc est plus grande, $\frac{38}{290} = \frac{19}{145}$ de seconde, soit 1, 9 fois la durée du choc précédent.

La tangente J L donne une vitesse de 0 m 0612 par seconde au début de la remontée de la vis.

Conclusion. — Les essais de rendement montrent que le balancier à vis est un outil dont l'usage est très peu économique, le rendement diminuant très sensiblement au fur à mesure que la pression demandée augmente ; au point de n'être que de 1 °/₀ à la limite de l'effort pratique. Ce rendement étant évalué sur la quantité d'énergie emmagasinée dans le volant. Si le calcul du rendement est basé sur l'énergie fournie par la transmission, le rendement est encore de beaucoup inférieur. — C'est pourquoi Poncelet a écrit[1] : « De toute manière, les pertes de travail moteur ou de force vive occasionnées « par les frottements, les vibrations moléculaires imprimées aux différentes parties, avant, « pendant et après le choc, ont dû faire abandonner de bonne heure de semblables « moyens de solution. »

Mais lorsque le point de vue économique n'est pas le seul à envisager, comme dans le cas de certains estampages artistiques, des médailles par exemple, l'usage du balancier à vis peut être admis.

Cet outil est d'une grande souplesse, car il laisse une large latitude de course possible, il permet d'obtenir facilement une pression élevée, qu'il serait plus difficile de réaliser par le choc d'un mouton ou d'une presse avec accumulateur hydraulique. C'est, pour le praticien, un outil commode, sinon économique.

Février 1916.

1. Travaux de la Commission française, *Exposition de Londres*, 1851, t. III, 1re partie, 1re section, p. 76.

MACON, PROTAT FRÈRES, IMPRIMEURS.

www.ingramcontent.com/pod-product-compliance
Ingram Content Group UK Ltd.
Pitfield, Milton Keynes, MK11 3LW, UK
UKHW031057260726
13965UKWH00006B/1798

9 782013 339858